FIRST SUDOKU

FOR KIDS AGES 4-8

FUN SUDOKU PUZZLES FOR SMART KIDS

2020
BORED LLAMA PRESS

How to solve Sudoku

			1
	1		4
2		1	3
	3		2

4	2	3	1
3	1	2	4
2	4	1	3
1	3	4	2

Sudoku Instructions

Each Sudoku is comprised of 16 numbers. There are 4 horizontal lines and 4 verEcal lines, and there are 4 smaller blocks included in each puzzle – outlined by a darker line.

Rules: Each of the 4 horizontal lines, 4 verEcal lines and 4 small blocks include the numbers 1-4, without any numbers being duplicated within the given item.

The challenge is to figure out where the numbers 1-4 should appear in the puzzle, without violaEng the rules outlined in the paragraph above.

SUDOKU - 1

4	1	2	
	2		
1		4	
		3	1

SUDOKU - 2

	1		
3		4	
2		1	4
1	4		

SUDOKU - 3

		1	3
		2	4
1	4	3	
	3		

SUDOKU - 4

1	4		
2		4	
4	1	3	2

SUDOKU - 5

			1
	1		4
2		1	3
	3		2

SUDOKU - 6

	2		4
4			
2	3		
1	4		3

SUDOKU - 7

	3		2
		3	
1	2		
3		2	1

SUDOKU - 8

	3		1
1			
2	1		3
		1	2

SUDOKU - 9

2		1	3
3		2	
1	3	4	

SUDOKU - 10

3	2		1
4			2
1	3		4

SUDOKU - 11

1	3		4
	4	1	
	2		1
4			

SUDOKU - 12

		4	3
3	4		
1	3		4
	2		

SUDOKU - 13

3		2	
2	1	4	
1			4
		1	

SUDOKU - 14

	1	4	2
4			1
	4	2	
2			

SUDOKU - 15

		1	
2		3	
	2		
1	4	2	3

SUDOKU - 16

1	4	2	3
3			4
4		3	

SUDOKU - 17

4			1
	3	2	4
2			
3			2

SUDOKU - 18

4			3
	1		2
		2	4
2		3	

SUDOKU - 19

		1	4
4	1	3	
			3
	2	4	

SUDOKU - 20

4		3	
2	3		
	2		
	4	2	1

SUDOKU - 21

4	1		
2		1	4
1		4	
	4		

SUDOKU - 22

		2	4
	2	1	
1	4	3	
2			

SUDOKU - 23

	1		
4	2	3	
1		2	
		1	3

SUDOKU - 24

	2	4	1
			2
1		2	
		1	3

SUDOKU - 25

		1	
3	1		4
1	3	4	
			1

SUDOKU - 26

3		2	
	4		3
1	3	4	2

SUDOKU - 27

	2	4	
	4		
		3	4
4		1	2

SUDOKU - 28

3	4	2	
2			
	2	1	
1			2

SUDOKU - 29

	2		4
4			3
		4	2
2	4		

SUDOKU - 30

	2	3	1
		2	
2	4		3
			2

SUDOKU - 31

			3
	3	1	2
2			4
3	4		

SUDOKU - 32

		1	3
		4	
1	3	2	
2	4		

SUDOKU - 33

2			3
		4	
4		3	1
	3		4

SUDOKU - 34

3	1	4	2
4	2		
1	3		

SUDOKU - 35

2			4
1			3
3		4	2
4			

SUDOKU - 36

	2	1	4
1		4	2
2	4		

SUDOKU - 37

		2	4
		3	
1	3		
2	4	1	

SUDOKU - 38

		3	4
	4	1	
	3		1
4			3

SUDOKU - 39

	1		
2	4	3	
1	2		
4		1	

SUDOKU - 40

	3		
	2		1
2		4	3
3		1	

SUDOKU - 41

4	3		
1	2	4	
	4	1	2

SUDOKU - 42

	3	1	2
3	4		
1	2	3	

SUDOKU - 43

3	2	1	4
1	4	3	
		2	

SUDOKU - 44

	1		2
	2	4	1
2		1	
	4		

SUDOKU - 45

	3	2	1
2	1		4
		1	
		4	

SUDOKU - 46

			4
4	2	3	1
			3
		4	2

SUDOKU - 47

			1
1	3	2	
	4		3
	1		2

SUDOKU - 48

	2	3	4
4		2	
	4		
2	1		

SUDOKU - 49

	1	3	
2	3		4
		2	
1		4	

SUDOKU - 50

4			
1	3	4	
	4		
	1	3	4

SUDOKU - 51

1	3	2	4
	2		
2	1		
	4		

SUDOKU - 52

1		3	
2		4	
			3
	2	1	4

SUDOKU - 53

	1		3
3		1	
1			2
	3		1

SUDOKU - 54

	3	2	1
2			3
		1	
		3	2

SUDOKU - 55

	1	2	4
4			
2			
	4	3	2

SUDOKU - 56

	1	2	4
	4		3
	3	4	
	2		

SUDOKU - 57

		1	
	3	2	4
2	4		
	1		2

SUDOKU - 58

4			1
1			4
	4	1	3
	1		

SUDOKU - 59

	2	1	4
			3
1	4		2
		4	

SUDOKU - 60

4	2		3
			2
			4
3		2	1

SUDOKU - 61

3	1	2	4
	3	1	
	2		3

SUDOKU - 62

4	1		3
3	2		1
			2
2			

SUDOKU - 63

	2	1	4
4		2	
	4		
2	3		

SUDOKU - 64

		4	2
4	2	1	
	3		4
	4		

SUDOKU - 65

		1	
3			4
	3		1
1		3	2

SUDOKU - 66

4			3
2	1	3	
3		2	1

SUDOKU - 67

3			4
2	4		
			2
4		3	1

SUDOKU - 68

		3	
		2	4
2	4		
3		4	2

SUDOKU - 69

	1	2	3
	4	3	1
1		4	

SUDOKU - 70

4	3		1
		4	3
1			2
	2		

SUDOKU - 71

3	4	1	
2	1		
1		3	
		2	

SUDOKU - 72

3		1	
	4	2	3
			1
	1		2

SUDOKU - 73

4			2
	3	1	4
1		2	
			1

SUDOKU - 74

	2		4
4	1	2	3
	3		
	4		

SUDOKU - 75

2	3		4
3			2
4	2		1

SUDOKU - 76

3			4
	4		
	3		2
4	2		1

SUDOKU - 77

	2		1
3	1	4	
1			
	4		3

SUDOKU - 78

		4	2
	4		3
1	2		
4			1

SUDOKU - 79

1			2
3	2		
	1		3
4			1

SUDOKU - 80

	1		2
		1	4
1			
	4	2	1

SUDOKU - 81

	1		2
		1	4
1			
	4	2	1

SUDOKU - 82

	2		
	1	2	
	3		2
2		3	1

SUDOKU - 83

		3	2
2			
	4		3
3		4	1

SUDOKU - 84

		4	
2	4		
3		2	4
4			3

SUDOKU - 85

		2	4
4		3	
	3	4	2
	4		

SUDOKU - 86

1	2	4	
4			
2	1	3	
		1	

SUDOKU - 87

3			4
	4	3	2
2			
	3	2	

SUDOKU - 88

	4		
2	1	4	3
4	3		2

SUDOKU - 89

2			3
		4	2
	2	3	
	3		1

SUDOKU - 90

	2	1	4
	3	4	2
	4		1

SUDOKU - 91

4	2	3	
	3		2
3	1		
2			

SUDOKU - 92

4	2	3	1
1			
		2	
2		1	

SUDOKU - 93

	1	2	4
2	4	1	
1	3		

SUDOKU - 94

4			3
3			
2		3	1
1	3		

SUDOKU - 95

			4
2		1	3
1			2
	2		1

SUDOKU - 96

	2		
	3	2	
2	4		
3	1		2

SUDOKU - 97

1			3
3			1
	3	1	
	1		2

SUDOKU - 98

2		1	
1	4	3	2
		4	
4			

SUDOKU - 99

3		2	
	4		1
1	2	4	
	3		

SUDOKU - 100

	2	4	1
4			
	3		4
1			2

SUDOKU - 101

3		1	4
1		2	
	3		1
4			

SUDOKU - 102

3		2	
	2		
	3		1
	4	3	2

SUDOKU - 103

	1		4
	2	3	1
		1	
1	3		

SUDOKU - 104

	3	1	4
	4	2	
		4	2
	2		

SUDOKU - 105

	2	1	3
			4
	1		
2		3	1

SUDOKU - 106

4		3	2
		1	
1	4	2	
		4	

SUDOKU - 107

3			1
4		3	2
1	3	2	

SUDOKU - 108

3			1
	4	3	2
			4
	1		3

SUDOKU - 109

	4	2	
3	2	4	1
4		3	

SUDOKU - 110

3	1		
4	2	1	3
	3	2	

SUDOKU - 111

	3		2
2		3	4
3			
1			3

SUDOKU - 112

4	3		1
3		1	2
2		4	

SUDOKU - 113

4	2	3	1
1			
		4	
	4		2

SUDOKU - 114

	1		4
4	2		
1	3	4	
2			

SUDOKU - 115

	2	4	1
	1		2
1		2	
			3

SUDOKU - 116

	2		
4			1
2		3	4
3			2

SUDOKU - 117

4		2	3
3		1	4
2			
1			

SUDOKU - 118

4			
3		4	
	3	1	
	4	2	3

SUDOKU - 119

2		3	4
	3		
3		4	
	4		3

SUDOKU - 120

			1
		3	
2	3	1	
4		2	3

SUDOKU - 121

3			2
		4	3
1	3	2	
4			

SUDOKU - 122

	3		
1		3	4
	1	4	
3	4		

SUDOKU - 123

	2		1
	1	2	
		4	2
	4		3

SUDOKU - 124

	2	3	1
	4	1	
3		4	2

SUDOKU - 125

		3	2
	3	1	4
		2	
1	2		

SUDOKU - 126

3		2	
4			
1	3	4	2
		4	

SUDOKU - 127

	2	1	3
3	1	2	
2			1

SUDOKU - 128

4		1	3
		2	4
		4	1
		3	

SUDOKU - 129

	1	3	
		1	2
	2		3
	4	2	

SUDOKU - 130

			3
	2	1	4
2			1
1			2

SUDOKU - 131

	3	4	1
4	1	2	
			4
	4		

SUDOKU - 132

3		4	1
		3	
1	4	2	3

SUDOKU - 133

4		1	
	1		4
	3		1
	4		2

SUDOKU - 134

		1	
3		2	
2			1
1	3	4	

SUDOKU - 135

4		1	
	1	2	4
			1
1		4	

SUDOKU - 136

2	1	3	4
1			
3	4	1	

SUDOKU - 137

3		2	4
	4		1
	2	4	3

SUDOKU - 138

2		1	4
1		2	
3	1		2

SUDOKU - 139

4	1		
	2		4
	4	3	2
			1

SUDOKU - 140

	1		2
2	3	1	
	4		
		4	3

SUDOKU - 141

	3	1	4
1		2	3
3			
		3	

SUDOKU - 142

1		3	2
			4
2	3		1
4			

SUDOKU - 143

	2		4
	3	2	1
3		1	2

SUDOKU - 144

1	2		
	4		2
4	3		
	1		3

SUDOKU - 145

3			
1	2		4
2	1		
	3		1

SUDOKU - 146

	1		4
	3		2
	4	2	
3	2		

SUDOKU - 147

	1		
	2	1	
1	3		
2	4		1

SUDOKU - 148

	1	4	3
1	2	3	
		2	1

SUDOKU - 149

	2		
4		2	3
1	4	3	
		4	

SUDOKU - 150

3		2	4
2	4		1
		1	
1			

SUDOKU - 1 (Solučon)

4	1	2	3
3	2	1	4
1	3	4	2
2	4	3	1

SUDOKU - 2 (Solučon)

4	1	2	3
3	2	4	1
2	3	1	4
1	4	3	2

SUDOKU - 3 (Solučon)

4	2	1	3
3	1	2	4
1	4	3	2
2	3	4	1

SUDOKU - 4 (Solučon)

1	4	2	3
2	3	4	1
3	2	1	4
4	1	3	2

SUDOKU - 5 (Solučon)

4	2	3	1
3	1	2	4
2	4	1	3
1	3	4	2

SUDOKU - 6 (Solučon)

3	2	1	4
4	1	3	2
2	3	4	1
1	4	2	3

SUDOKU - 7 (Solučon)

4	3	1	2
2	1	3	4
1	2	4	3
3	4	2	1

SUDOKU - 8 (Solučon)

4	3	2	1
1	2	3	4
2	1	4	3
3	4	1	2

SUDOKU - 9 (Solučon)

2	4	1	3
3	1	2	4
4	2	3	1
1	3	4	2

SUDOKU - 10 (Solučon)

3	2	4	1
4	1	3	2
1	3	2	4
2	4	1	3

SUDOKU - 11 (Solučon)

1	3	2	4
2	4	1	3
3	2	4	1
4	1	3	2

SUDOKU - 12 (Solučon)

2	1	4	3
3	4	1	2
1	3	2	4
4	2	3	1

SUDOKU - 13 (Solučon)

3	4	2	1
2	1	4	3
1	2	3	4
4	3	1	2

SUDOKU - 14 (Solučon)

3	1	4	2
4	2	3	1
1	4	2	3
2	3	1	4

SUDOKU - 15 (Solučon)

4	3	1	2
2	1	3	4
3	2	4	1
1	4	2	3

SUDOKU - 16 (Solučon)

2	3	4	1
1	4	2	3
3	2	1	4
4	1	3	2

SUDOKU - 17 (Solučon)

4	2	3	1
1	3	2	4
2	1	4	3
3	4	1	2

SUDOKU - 18 (Solučon)

4	2	1	3
3	1	4	2
1	3	2	4
2	4	3	1

SUDOKU - 19 (Solučon)

2	3	1	4
4	1	3	2
1	4	2	3
3	2	4	1

SUDOKU - 20 (Solučon)

4	1	3	2
2	3	1	4
1	2	4	3
3	4	2	1

SUDOKU - 21 (Solučon)

4	1	3	2
2	3	1	4
1	2	4	3
3	4	2	1

SUDOKU - 22 (Solučon)

3	1	2	4
4	2	1	3
1	4	3	2
2	3	4	1

SUDOKU - 23 (Solučon)

3	1	4	2
4	2	3	1
1	3	2	4
2	4	1	3

SUDOKU - 24 (Solučon)

3	2	4	1
4	1	3	2
1	3	2	4
2	4	1	3

SUDOKU - 25 (Solučon)

4	2	1	3
3	1	2	4
1	3	4	2
2	4	3	1

SUDOKU - 26 (Solučon)

4	2	3	1
3	1	2	4
2	4	1	3
1	3	4	2

SUDOKU - 27 (Solučon)

1	2	4	3
3	4	2	1
2	1	3	4
4	3	1	2

SUDOKU - 28 (Solučon)

3	4	2	1
2	1	3	4
4	2	1	3
1	3	4	2

SUDOKU - 29 (Solučon)

3	2	1	4
4	1	2	3
1	3	4	2
2	4	3	1

SUDOKU - 30 (Solučon)

4	2	3	1
1	3	2	4
2	4	1	3
3	1	4	2

SUDOKU - 31 (SoluČon)

1	2	4	3
4	3	1	2
2	1	3	4
3	4	2	1

SUDOKU - 32 (SoluČon)

4	2	1	3
3	1	4	2
1	3	2	4
2	4	3	1

SUDOKU - 33 (SoluČon)

2	4	1	3
3	1	4	2
4	2	3	1
1	3	2	4

SUDOKU - 34 (SoluČon)

3	1	4	2
4	2	1	3
1	3	2	4
2	4	3	1

SUDOKU - 35 (SoluČon)

2	3	1	4
1	4	2	3
3	1	4	2
4	2	3	1

SUDOKU - 36 (SoluČon)

3	2	1	4
4	1	2	3
1	3	4	2
2	4	3	1

SUDOKU - 37 (Solučon)

3	1	2	4
4	2	3	1
1	3	4	2
2	4	1	3

SUDOKU - 38 (Solučon)

1	2	3	4
3	4	1	2
2	3	4	1
4	1	2	3

SUDOKU - 39 (Solučon)

3	1	2	4
2	4	3	1
1	2	4	3
4	3	1	2

SUDOKU - 40 (Solučon)

1	3	2	4
4	2	3	1
2	1	4	3
3	4	1	2

SUDOKU - 41 (Solučon)

2	1	3	4
4	3	2	1
1	2	4	3
3	4	1	2

SUDOKU - 42 (Solučon)

2	1	4	3
4	3	1	2
3	4	2	1
1	2	3	4

SUDOKU - 43 (Solučon)

3	2	1	4
1	4	3	2
2	3	4	1
4	1	2	3

SUDOKU - 44 (Solučon)

4	1	3	2
3	2	4	1
2	3	1	4
1	4	2	3

SUDOKU - 45 (Solučon)

4	3	2	1
2	1	3	4
3	4	1	2
1	2	4	3

SUDOKU - 46 (Solučon)

1	3	2	4
4	2	3	1
2	4	1	3
3	1	4	2

SUDOKU - 47 (Solučon)

4	2	3	1
1	3	2	4
2	4	1	3
3	1	4	2

SUDOKU - 48 (Solučon)

1	2	3	4
4	3	2	1
3	4	1	2
2	1	4	3

SUDOKU - 49 (Solučon)

4	1	3	2
2	3	1	4
3	4	2	1
1	2	4	3

SUDOKU - 50 (Solučon)

4	2	1	3
1	3	4	2
3	4	2	1
2	1	3	4

SUDOKU - 51 (Solučon)

1	3	2	4
4	2	3	1
2	1	4	3
3	4	1	2

SUDOKU - 52 (Solučon)

1	4	3	2
2	3	4	1
4	1	2	3
3	2	1	4

SUDOKU - 53 (Solučon)

4	1	2	3
3	2	1	4
1	4	3	2
2	3	4	1

SUDOKU - 54 (Solučon)

4	3	2	1
2	1	4	3
3	2	1	4
1	4	3	2

SUDOKU - 55 (Solučon)

3	1	2	4
4	2	1	3
2	3	4	1
1	4	3	2

SUDOKU - 56 (Solučon)

3	1	2	4
2	4	1	3
1	3	4	2
4	2	3	1

SUDOKU - 57 (Solučon)

4	2	1	3
1	3	2	4
2	4	3	1
3	1	4	2

SUDOKU - 58 (Solučon)

4	2	3	1
1	3	2	4
2	4	1	3
3	1	4	2

SUDOKU - 59 (Solučon)

3	2	1	4
4	1	2	3
1	4	3	2
2	3	4	1

SUDOKU - 60 (Solučon)

4	2	1	3
1	3	4	2
2	1	3	4
3	4	2	1

SUDOKU - 61 (Solučon)

3	1	2	4
2	4	3	1
4	3	1	2
1	2	4	3

SUDOKU - 62 (Solučon)

4	1	2	3
3	2	4	1
1	4	3	2
2	3	1	4

SUDOKU - 63 (Solučon)

3	2	1	4
4	1	2	3
1	4	3	2
2	3	4	1

SUDOKU - 64 (Solučon)

3	1	4	2
4	2	1	3
1	3	2	4
2	4	3	1

SUDOKU - 65 (Solučon)

4	2	1	3
3	1	2	4
2	3	4	1
1	4	3	2

SUDOKU - 66 (Solučon)

4	2	1	3
1	3	4	2
2	1	3	4
3	4	2	1

SUDOKU - 67 (Solučon)

3	1	2	4
2	4	1	3
1	3	4	2
4	2	3	1

SUDOKU - 68 (Solučon)

4	2	3	1
1	3	2	4
2	4	1	3
3	1	4	2

SUDOKU - 69 (Solučon)

4	1	2	3
3	2	1	4
2	4	3	1
1	3	4	2

SUDOKU - 70 (Solučon)

4	3	2	1
2	1	4	3
1	4	3	2
3	2	1	4

SUDOKU - 71 (Solučon)

3	4	1	2
2	1	4	3
1	2	3	4
4	3	2	1

SUDOKU - 72 (Solučon)

3	2	1	4
1	4	2	3
2	3	4	1
4	1	3	2

SUDOKU - 73 (Solučon)

4	1	3	2
2	3	1	4
1	4	2	3
3	2	4	1

SUDOKU - 74 (Solučon)

3	2	1	4
4	1	2	3
1	3	4	2
2	4	3	1

SUDOKU - 75 (Solučon)

1	4	2	3
2	3	1	4
3	1	4	2
4	2	3	1

SUDOKU - 76 (Solučon)

3	1	2	4
2	4	1	3
1	3	4	2
4	2	3	1

SUDOKU - 77 (Solučon)

4	2	3	1
3	1	4	2
1	3	2	4
2	4	1	3

SUDOKU - 78 (Solučon)

3	1	4	2
2	4	1	3
1	2	3	4
4	3	2	1

SUDOKU - 79 (SoluČon)

1	4	3	2
3	2	1	4
2	1	4	3
4	3	2	1

SUDOKU - 80 (SoluČon)

4	1	3	2
2	3	1	4
1	2	4	3
3	4	2	1

SUDOKU - 81 (SoluČon)

4	1	3	2
2	3	1	4
1	2	4	3
3	4	2	1

SUDOKU - 82 (SoluČon)

3	2	1	4
4	1	2	3
1	3	4	2
2	4	3	1

SUDOKU - 83 (SoluČon)

4	1	3	2
2	3	1	4
1	4	2	3
3	2	4	1

SUDOKU - 84 (SoluČon)

1	3	4	2
2	4	3	1
3	1	2	4
4	2	1	3

SUDOKU - 85 (Solučon)

3	1	2	4
4	2	3	1
1	3	4	2
2	4	1	3

SUDOKU - 86 (Solučon)

1	2	4	3
4	3	2	1
2	1	3	4
3	4	1	2

SUDOKU - 87 (Solučon)

3	2	1	4
1	4	3	2
2	1	4	3
4	3	2	1

SUDOKU - 88 (Solučon)

3	4	2	1
1	2	3	4
2	1	4	3
4	3	1	2

SUDOKU - 89 (Solučon)

2	4	1	3
3	1	4	2
1	2	3	4
4	3	2	1

SUDOKU - 90 (Solučon)

4	1	2	3
3	2	1	4
1	3	4	2
2	4	3	1

SUDOKU - 91 (Solučon)

4	2	3	1
1	3	4	2
3	1	2	4
2	4	1	3

SUDOKU - 92 (Solučon)

4	2	3	1
1	3	4	2
3	1	2	4
2	4	1	3

SUDOKU - 93 (Solučon)

4	2	3	1
3	1	2	4
2	4	1	3
1	3	4	2

SUDOKU - 94 (Solučon)

4	2	1	3
3	1	2	4
2	4	3	1
1	3	4	2

SUDOKU - 95 (Solučon)

3	1	2	4
2	4	1	3
1	3	4	2
4	2	3	1

SUDOKU - 96 (Solučon)

4	2	3	1
1	3	2	4
2	4	1	3
3	1	4	2

SUDOKU - 97 (Solučon)

1	4	2	3
3	2	4	1
2	3	1	4
4	1	3	2

SUDOKU - 98 (Solučon)

2	3	1	4
1	4	3	2
3	2	4	1
4	1	2	3

SUDOKU - 99 (Solučon)

3	1	2	4
2	4	3	1
1	2	4	3
4	3	1	2

SUDOKU - 100 (Solučon)

3	2	4	1
4	1	2	3
2	3	1	4
1	4	3	2

SUDOKU - 101 (Solučon)

3	2	1	4
1	4	2	3
2	3	4	1
4	1	3	2

SUDOKU - 102 (Solučon)

3	1	2	4
4	2	1	3
2	3	4	1
1	4	3	2

SUDOKU - 103 (Solučon)

3	1	2	4
4	2	3	1
2	4	1	3
1	3	4	2

SUDOKU - 104 (Solučon)

2	3	1	4
1	4	2	3
3	1	4	2
4	2	3	1

SUDOKU - 105 (Solučon)

4	2	1	3
1	3	2	4
3	1	4	2
2	4	3	1

SUDOKU - 106 (Solučon)

4	1	3	2
3	2	1	4
1	4	2	3
2	3	4	1

SUDOKU - 107 (Solučon)

3	2	4	1
4	1	3	2
1	3	2	4
2	4	1	3

SUDOKU - 108 (Solučon)

3	2	4	1
1	4	3	2
2	3	1	4
4	1	2	3

SUDOKU - 109 (Solučon)

1	4	2	3
2	3	1	4
3	2	4	1
4	1	3	2

SUDOKU - 110 (Solučon)

3	1	4	2
4	2	1	3
1	3	2	4
2	4	3	1

SUDOKU - 111 (Solučon)

4	3	1	2
2	1	3	4
3	4	2	1
1	2	4	3

SUDOKU - 112 (Solučon)

1	2	3	4
4	3	2	1
3	4	1	2
2	1	4	3

SUDOKU - 113 (Solučon)

4	2	3	1
1	3	2	4
2	1	4	3
3	4	1	2

SUDOKU - 114 (Solučon)

3	1	2	4
4	2	1	3
1	3	4	2
2	4	3	1

SUDOKU - 115 (Solučon)

3	2	4	1
4	1	3	2
1	3	2	4
2	4	1	3

SUDOKU - 116 (Solučon)

1	2	4	3
4	3	2	1
2	1	3	4
3	4	1	2

SUDOKU - 117 (Solučon)

4	1	2	3
3	2	1	4
2	3	4	1
1	4	3	2

SUDOKU - 118 (Solučon)

4	2	3	1
3	1	4	2
2	3	1	4
1	4	2	3

SUDOKU - 119 (Solučon)

2	1	3	4
4	3	1	2
3	2	4	1
1	4	2	3

SUDOKU - 120 (Solučon)

3	2	4	1
1	4	3	2
2	3	1	4
4	1	2	3

SUDOKU - 121 (SoluČon)

3	4	1	2
2	1	4	3
1	3	2	4
4	2	3	1

SUDOKU - 122 (SoluČon)

4	3	1	2
1	2	3	4
2	1	4	3
3	4	2	1

SUDOKU - 123 (SoluČon)

4	2	3	1
3	1	2	4
1	3	4	2
2	4	1	3

SUDOKU - 124 (SoluČon)

4	2	3	1
1	3	2	4
2	4	1	3
3	1	4	2

SUDOKU - 125 (SoluČon)

4	1	3	2
2	3	1	4
3	4	2	1
1	2	4	3

SUDOKU - 126 (SoluČon)

3	1	2	4
4	2	1	3
1	3	4	2
2	4	3	1

SUDOKU - 127 (SoluČon)

4	2	1	3
3	1	2	4
1	3	4	2
2	4	3	1

SUDOKU - 128 (SoluČon)

4	2	1	3
3	1	2	4
2	3	4	1
1	4	3	2

SUDOKU - 129 (SoluČon)

2	1	3	4
4	3	1	2
1	2	4	3
3	4	2	1

SUDOKU - 130 (SoluČon)

4	1	2	3
3	2	1	4
2	4	3	1
1	3	4	2

SUDOKU - 131 (SoluČon)

2	3	4	1
4	1	2	3
1	2	3	4
3	4	1	2

SUDOKU - 132 (SoluČon)

3	2	4	1
4	1	3	2
1	4	2	3
2	3	1	4

SUDOKU - 133 (Solučon)

4	2	1	3
3	1	2	4
2	3	4	1
1	4	3	2

SUDOKU - 134 (Solučon)

4	2	1	3
3	1	2	4
2	4	3	1
1	3	4	2

SUDOKU - 135 (Solučon)

4	2	1	3
3	1	2	4
2	4	3	1
1	3	4	2

SUDOKU - 136 (Solučon)

4	3	2	1
2	1	3	4
1	2	4	3
3	4	1	2

SUDOKU - 137 (Solučon)

3	1	2	4
2	4	3	1
1	2	4	3
4	3	1	2

SUDOKU - 138 (Solučon)

2	3	1	4
1	4	2	3
3	1	4	2
4	2	3	1

SUDOKU - 139 (SoluČon)

4	1	2	3
3	2	1	4
1	4	3	2
2	3	4	1

SUDOKU - 140 (SoluČon)

4	1	3	2
2	3	1	4
3	4	2	1
1	2	4	3

SUDOKU - 141 (SoluČon)

2	3	1	4
1	4	2	3
3	1	4	2
4	2	3	1

SUDOKU - 142 (SoluČon)

1	4	3	2
3	2	1	4
2	3	4	1
4	1	2	3

SUDOKU - 143 (SoluČon)

1	2	3	4
4	3	2	1
3	4	1	2
2	1	4	3

SUDOKU - 144 (SoluČon)

1	2	3	4
3	4	1	2
4	3	2	1
2	1	4	3

SUDOKU - 145 (Solučon)

3	4	1	2
1	2	3	4
2	1	4	3
4	3	2	1

SUDOKU - 146 (Solučon)

2	1	3	4
4	3	1	2
1	4	2	3
3	2	4	1

SUDOKU - 147 (Solučon)

3	1	2	4
4	2	1	3
1	3	4	2
2	4	3	1

SUDOKU - 148 (Solučon)

2	1	4	3
4	3	1	2
1	2	3	4
3	4	2	1

SUDOKU - 149 (Solučon)

3	2	1	4
4	1	2	3
1	4	3	2
2	3	4	1

SUDOKU - 150 (Solučon)

3	1	2	4
2	4	3	1
4	3	1	2
1	2	4	3

www.ingramcontent.com/pod-product-compliance
Lightning Source LLC
Chambersburg PA
CBHW081102240526
45465CB00026B/3270